Jürgen Hargens

**Erfolgreich führen und leiten
– das will ich auch können ...**
Ein systemisches un(d)systematisches
Brevier

Jürgen Hargens

Erfolgreich führen und leiten – das will ich auch können ...

Ein systemisches un(d)systematisches Brevier

© 2001 by SolArgent Media AG, Division of BORGMANN HOLDING AG, Basel

Veröffentlicht in der Edition:
verlag modernes lernen Borgmann GmbH & Co. KG
Schleefstraße 14 • D-44287 Dortmund

5., durchgesehene Aufl. 2018
Gesamtherstellung: Löer Druck GmbH, Dortmund
Titelcartoon: © 2001 KFS/Distr. Bulls (Chris Browne)

Bestell-Nr. 8318　　　　　　　　ISBN 978-3-8080-0852-2

Urheberrecht beachten!
Alle Rechte der Wiedergabe dieses Fachbuches zur beruflichen Weiterbildung, auch auszugsweise und in jeder Form, liegen beim Verlag. Mit der Zahlung des Kaufpreises verpflichtet sich der Eigentümer des Werkes, unter Ausschluss der § 52a/b und § 53 UrhG., keine Vervielfältigungen, Fotokopien, Übersetzungen, Mikroverfilmungen und keine elektronische, optische Speicherung und Verarbeitung (z.B. Intranet), auch für den privaten Gebrauch oder Zwecke der Unterrichtsgestaltung, ohne schriftliche Genehmigung durch den Verlag anzufertigen. Er hat auch dafür Sorge zu tragen, dass dies nicht durch Dritte geschieht. Der gewerbliche Handel mit gebrauchten Büchern ist verboten.

Zuwiderhandlungen werden strafrechtlich verfolgt und berechtigen den Verlag zu Schadensersatzforderungen.

Inhalt

Dank	7
Was soll's ... ? Oder: Wozu denn das auch noch?	11
Theorie oder: Was ich besser (nicht) wissen sollte ...	17
Wie schaffe ich Bereitschaft oder: Welcher Rahmen passt?	31
Kooperieren oder: Was heißt denn „zusammen arbeiten"?	41
Immer präsent oder: Was Erziehung lehren kann ...	47
Moderieren oder: Wer nicht fragt, bleibt dumm	53
„So stimmt es einfach nicht!" oder: Streiten – mit welchem Ziel?	59
Was du nicht willst, was man dir tu'... oder Vom Nutzen einer anderen Perspektive	65
Will ich's wirklich wissen oder: Fragen ist auch eine Kunst	71
Literatur	77

6

Dank

Auch wenn ich für das, was ich hier geschrieben habe – natürlich – voll verantwortlich bin, so habe ich doch einige WegbegleiterInnen, die mich ge- und unterstützt haben, durch Ermutigung, konstruktive Anregungen und Ermunterung[1]. Und da sind die zu erwähnen, die nicht nur das Manuskript zu unterschiedlichen Zeiten und in verschiedenen Fassungen gelesen haben, sondern die sich auch immer auf das mitbeziehen konnten, was ich in meiner eigenen Praxis tat. Hier schulde ich Dank (in alphabetischer Reihenfolge) Johannes BÖHNKE (Köln), Michael DELORETTE (Wien), Hans FISCHER (Hamburg), Wolfgang LOTH (Niederzissen), Hermann MEIDINGER (Merching), Andrea RICHTER (Berlin), Lilo SCHMITZ (Düsseldorf), Michael TOMASCHEK (Mödling), Christoph VON STRITZKY (Leck), Käthi VÖGTLI (Zofingen) und Helen ZETTLER (Meyn).

---

[1] Sie merken schon hier, dass mich die positive Unterstützung mehr anspricht und anspornt als die eher negative Seite ...

Aber was wäre das alles ohne die TeilnehmerInnen der entsprechenden Kurse und die Veranstalter, die mich (mehr als einmal) eingeladen haben, so dass ich meine Ideen entwickeln, erproben und implementieren konnte. Dafür ihnen allen meinen Dank. Auch wenn ich sie hier nicht einzeln aufzählen kann, so waren (und sind) sie alle eine unschätzbare Hilfe.

Oft denken wir – da bin ich sicher keine Ausnahme –, dass alles ein Produkt unserer Anstrengungen und Handlungen war und ist (besonders, wenn es sich um ein gutes Ergebnis handelt). Mich hat das afrikanische Sprichwort *Alle Jagdgeschichten werden den Jäger bis zu dem Tag glorifizieren, an dem die Löwen ihre eigenen Geschichtsschreiber haben*[2], nachdenklich gestimmt und mich auf BATESONS Idee der Bescheidenheit und Demut verwiesen.

Auch wenn ich in diesem Buch mehr davon schreibe, was Sie tun können, was Ihnen Ihre Arbeit des Führens und Leitens erleichtern kann, so bleibt dieser interaktive Hintergrund vorhanden: es handelt sich immer um ein Miteinander, es geht immer um Beziehungen und wie diese sich gestalten lassen. Ohne die anderen, ohne die Mitarbeiterinnen und Mitarbeiter, nutzt Ihnen Ihre Führungskunst herzlich wenig. Sie sind – dies eine der grundlegenden

---

[2] Ich habe dieses Sprichwort in einem Kapitel von TALLMANN und BOHART gefunden.

systemischen Erkenntnisse – immer Teil eines umfassenderen Ganzen, auch wenn Sie und ich das nicht immer gerne zur Kenntnis nehmen mögen. Wie können wir diese Erkenntnis nutzen? Darum geht es mir in diesem Buch. Und deshalb sind und bleiben die anderen immer bedeutsam. Und deshalb sind die anderen immer auch eine Hilfe – nicht immer, aber immer auch.

Ich sollte gleich zu Anfang bekennen, dass dieses Buch einerseits meine persönliche Sicht (treffender vielleicht: Bevorzugungen, Präferenzen) widerspiegelt und andererseits einige Aspekte *nicht* anspricht – z.B. den Unterschied zwischen Profit- und Non-Profit-Unternehmen, die Konkretisierung von Hierarchie, Macht usf. Das hängt, denke ich, wenn ich mir die dritte Seite der Medaille vorstelle, durchaus damit zusammen, dass ich nur das schreiben wollte, was ich geschrieben habe – Ideen, Anregungen, Impulse. Nicht mehr und nicht weniger. Mit der (geheimen und unheimlichen) Hoffnung, dass Sie etwas davon aufgreifen und dann ...

Meyn, im Juni 2001
Jürgen Hargens

Was soll's ... ? Oder: Wozu denn das auch noch?

Noch ein Buch, das schnelle Hilfe verspricht, noch ein Buch, das rezepthaft die Tricks verrät, die Ihnen dazu verhelfen, erfolgreich Ihre Mitarbeiter und Mitarbeiterinnen zu führen? Ich kann Ihnen da nur zustimmen, jedenfalls zum Teil. Denn Sie haben recht – und doch auch nicht, zumindest nicht ganz. Ich möchte Ihnen das kurz erzählen:

Sie haben recht, wenn Sie auf Tricks und Tipps hoffen, denn ohne sie geht es nicht. Wenn Sie *führen* oder *leiten,* können Sie gar nicht anders, als etwas zu tun. Und das hat mit Tricks und Tipps zu tun. Andererseits – und das ist mir sehr wichtig schon an dieser Stelle zu betonen – Tricks und Tipps sind kein Allheilmittel – einfach weil Menschen eben nicht so reagieren wie Maschinen. Wenn Sie also Tricks und Tipps anwenden, dürften Sie irgendwann am Ende Ihres Lateins sein – einfach weil Ihre Mitarbeiter und Mitarbeiterinnen auch einmal so reagieren, wie Sie es nicht erwarten – zumal nicht nach Ihren Tricks.

Sie haben also auch unrecht – denn das, was Sie tun, sollte *Ihnen entsprechen*. Also Ausdruck Ihrer Haltung oder Überzeugung sein. Sonst verkommt es ausschließlich zu einem Trick und Ihre Mitarbeiter und Mitarbeiterinnen werden Sie dann auch sehr bald so einschätzen, als „Trickser", als jemand, der es nicht so meint, wie er es sagt.

Deshalb meine Bitte – alles, was Sie tun, alles, was Sie hieraus ableiten, sollten Sie zu etwas machen, was zu Ihnen passt. Das ist, so sehe ich es, eines der Geheimnisse eines *erfolgreichen* führens und leitens.

Ist es Ihnen aufgefallen? Ich schreibe führen und leiten mit *kleinen* Anfangsbuchstaben, weil es sich um ein *großes* Tun handelt. Führen wie leiten sind in meinen Augen Tätigkeiten, keine Dinge – und es könnte daher hilfreich sein, dies auch durch ein *Kleinschreiben* – also durch ein Betonen des Tuns, des Handelns – hervorzuheben.

Aber weiter im Text:

Im Laufe meiner beruflichen Tätigkeit erhielt ich des öfteren Einladungen, Workshops und Kurse zum Thema *Führen und Leiten*[1] zu halten – immer mit sehr ähnlichen Untertiteln, die solche Begriffe umfassen wie „erfolgreich", „wirksam", „effizient" oder „gekonnt". Hinzu kam dann meist noch das kleine Wörtchen „*systemisch*", weil ich, so bilde ich es mir jedenfalls ein, dafür als Fachmann galt.

Für mich hat sich im Laufe der Jahre eine sehr konkrete Idee herausgebildet, was „erfolgreich führen und leiten" bedeuten *kann* und wie ich es erreichen könnte. Ich denke, es könnte gleich zu Anfang hilfreich sein, einmal ein wenig über das Wort „Erfolg" oder „erfolgreich" nachzudenken, denn dieses Wort bildet in meinen Augen immer „irgendwie" den Anstoß.

Erfolg scheint ein mehr oder weniger akzeptiertes Ziel all unserer Bemühungen, mehr oder weniger ausgesprochen und ausdrücklich. Dabei zeigt Erfolg sich, wie wir alle wissen, sehr unterschiedlich. GOETHE beispielsweise formulierte (Faust, 1. Teil) sehr aktuell: „Nach Golde drängt, am Golde hängt doch alles. Ach wir Armen."

Und ich kenne den Satz, der mich immer dann, wenn ich nicht ganz so erfolgreich bin, noch tiefer herunterzieht: „Nichts ist erfolgreicher als der Erfolg." Zu ärgerlich, dass er mir ausgerechnet dann versagt bleibt, wenn ich ihn dringend bräuchte ...

Und dabei scheint es auch noch ein unumstößliches Gesetz zu sein, dass der Erfolg immer jemand

---

[1] Sie erkennen sicher sofort den Unterschied, den ich hier betone, wenn ich Großbuchstaben benutze – ich möchte einfach betonen, dass es sich hier um eine Formulierung der Einladenden handelt ...

anderen trifft. Ich kann mich anstrengen, wie ich will – es wird gut, manchmal sogar ganz gut, aber nie wird es der große Erfolg.

Kürzlich las ich in der ZEIT über den Philosophen Tom Morris, der Vorträge vor großen Wirtschaftsunternehmen hält, in denen er seine „sieben Bedingungen für anhaltenden, erfüllenden Erfolg" benennt, die sich leider für mich im deutschen nicht ganz so elegant formulieren lassen:

conception	Konzeption
confidence	Zutrauen
concentration	Konzentration
consistency	Konsistenz
commitment	Engagement
character	Charakter
capacity to enjoy	Vermögen, sich zu freuen

Alle beginnen im englischen mit dem großen (oder kleinen, je nachdem) C, und es sind genau sieben – wie die sieben fetten und die sieben mageren Jahre oder wie die sieben Todsünden.

Ganz einfach – wenn man schon Erfolg hat ...

In diesem kleinen Buch geht es mir darum, Ihnen Möglichkeiten aufzuzeigen, die ich im Laufe meiner Berufsjahre kennengelernt habe, die sich als wirksam und langfristig als erfolgreich erwiesen haben. Ausgangspunkt sind Überlegungen – Konzeptionen – aus der Systemtheorie, so dass ich nicht umhin kommen werde, Sie mit ein wenig Theorie zu füttern. Denn nichts ist praktischer als eine gute Theorie, wie Einstein einst formuliert haben soll. Und wenn Sie erst einmal gut gefüttert sind, können Sie in Ruhe verdauen, sich ein wenig Zeit lassen und schauen, was Sie schon alles machen, was erfolgreich zu werden verspricht.

Um noch einmal auf meinen Anfang zurückzukommen. Bitte verwechseln Sie das Essen nicht mit der Speisekarte, die Tipps nicht mit dem wirklichen Leben. Es sind Anhaltspunkte, Ideen, Anregungen. Um beim Kochen zu bleiben: Rezepte sind das eine, das Kochen ist das andere. Und, last but not least, das Essen ist ein Drittes ...

Genug der Vorrede.

Theorie oder: Was ich besser (nicht) wissen sollte ...

Wenn Sie Mitarbeiter und Mitarbeiterinnen erfolgreich führen und leiten, dann haben Sie bereits eine bestimmte berufliche Position erreicht, sind auf Ihrer Karriereleiter so hoch gekommen, dass Sie *Verantwortung*[1] tragen – nicht nur für Ihre Mitarbeiter und Mitarbeiterinnen, sondern auch für das Arbeitsergebnis. Und ich denke, dass dieser Aspekt manchmal unter-, manchmal überschätzt werden könnte.

Erfolgreich führen und leiten ist, wenn Sie in einem Betrieb tätig sind, immer an das Betriebsergebnis gekoppelt. Deshalb wird erfolgreich führen und

---

[1] Jürgen KRIZ (Osnabrück) hat in einer seiner vielen Veröffentlichungen darauf hingewiesen, dass Verantwortung ein wechselseitiger bzw. interaktiver Prozess ist – denn Ver*antwort*ung enthält den Begriff Antwort, beinhaltet also Antwort auf eine Frage. Und Sie fragen sich vermutlich nicht selbst, um sich dann auch selbst zu antworten ...

leiten immer auch an einem guten Betriebsergebnis festgemacht. Sie haben sicher die einschränkende Bedingung gut verstanden: nicht „nur", sondern „immer *auch*".

Anders gesagt, das Betriebsergebnis zählt zu den *Rahmenbedingungen,* die *nicht verhandelbar* scheinen. Ohne betrieblichen – sprich: wirtschaftlichen – Erfolg nutzt Ihnen Ihre Führungskunst herzlich wenig ...

Wenn ich hier über erfolgreich führen und leiten schreibe, dann gehe ich ganz einfach davon aus, dass die fachlichen Voraussetzungen insoweit stimmen, als dass Sie sich darauf verlassen können, mit Mitarbeitern und Mitarbeiterinnen zu tun zu haben, die die fachlichen Mindestkriterien erfüllen. Führen und leiten dreht sich dann um die Frage, wie sich diese Fähigkeiten optimieren und begünstigen lassen.

Wie gesagt, diesen (sozialen) Rahmen sollten Sie nicht aus dem Auge verlieren, sonst könnte nämlich aus erfolgreichem leiten allzu leicht ein um-leiten werden ...

Es sollte deutlich geworden sein, dass sich nach meinem Verständnis führen und leiten zumeist beweisen muss, wenn es darum geht, mit Mitarbeitern und Mitarbeiterinnen zu *sprechen*. Das ist *Alltag* jeder Führungskraft. Deshalb werde ich mein Augenmerk auch darauf richten, was dazu beitragen kann, diese Gespräche so zu organisieren (oder, wie ich lieber formuliere: zu rahmen), dass ein optimales Ergebnis angesichts der bestehenden Bedingungen erreicht werden kann.

Zwei Kolleginnen, Lilo S\ch\m\i\t\z und Birgit B\i\l\l\e\n, haben diesen Aspekt überaus pointiert auf den Punkt gebracht: „Egal wie gut Ihre übrigen Managementfähigkeiten sind, egal wie zufrieden andere wichtige Ansprechgruppen sind – ohne einsatzfreudige, zufriedene und kompetente Mitarbeiterinnen und Mitarbeiter wird Ihr Erfolg nur von kurzer Dauer sein!" (2000, S. 8)

Alles klar? Ich möchte Ihnen also jetzt etwas darüber erzählen, wie Sie solche Gespräche optimieren können. Einiges wird Ihnen – notwendigerweise – selbstverständlich vorkommen, denn schließlich kann und will ich hier nicht das Rad neu erfinden. Und einiges gehört zur Theorie, die unerlässlich ist – das haben Sie schon der Überschrift dieses Kapitels entnehmen können. Vielleicht lesen Sie doch noch einmal die Überschrift. Fertig? *Was ich besser (nicht) wissen sollte,* lautet sie und darin stecken zwei hochinteressante Aspekte, denke ich.

Erstens: Es kommt als Leitungskraft meines Erachtens eben *nicht* darauf an, viel oder alles zu wissen. Dies könnte leicht den Eindruck erwecken, als würden Sie sowieso alles *besser* wissen – und *Besserwisser,* so meine Erfahrung, haben als Leitungskraft eine große Schwäche – sie wissen alles besser, mit ihnen ist nicht zu reden und – vor allem – nicht zu diskutieren[2].

Zweitens: Es könnte sein, dass es nicht nur bedeutsam ist, etwas zu wissen, es könnte genauso bedeutsam sein, nicht zuviel (oder alles) zu wissen. Denn Wissen hat immer auch Konsequenzen und die in meinen Augen wichtige Frage könnte lauten: „Wieviel Wissen brauche ich? Und wozu?"

Ich bleibe zunächst einmal bei der Frage nach der „Menge" des Wissens. Die Frage des „wozu?" wird mich noch unter dem Aspekt der *Ziele* beschäftigen. Dazu also später mehr.

Sie kennen sicher den Satz *„Was ich nicht weiß, macht mich nicht heiß"*. Manchmal sehr vorteilhaft, nicht alles zu wissen, denn es verringert mögliche Konflikte, weil ich mich nicht um alles und jedes zu kümmern brauche. Ich könnte vielleicht auch sagen *„Was ich nicht weiß, mach ich auch nicht verkehrt"*, denn ich tue ja nichts, ich warte ab – ich weiß ja nicht ...[3]

Andererseits, wenn ich *Bescheid weiß,* dann geht es auch darum, wie ich mein Wissen sortieren

---

[2] Etwas Klatsch und Tratsch dazu findet sich in Hargens & Zettler, S. 35 (dies ist – natürlich – Werbung in eigener Sache ...).

[3] Wolfgang Loth machte mich freundlicherweise auf eine Werbung von DuMont aufmerksam: „Man sieht nur, was man weiß ..."

kann, um handlungsfähig zu bleiben. Sie kennen das doch selber – manchmal wäge ich ab, sammle Informationen und häufe Wissen an – je mehr, desto weniger kann ich entscheiden, weil meist das Wissen nicht *eindeutig* eine Seite bevorzugt.

Also, was ich meine – ich sollte *wissen*, wieviel Wissen ich brauche, um *handeln* zu können. Ich denke, *soviel wie nötig, aber nicht mehr als nötig.* Anders gesagt – ich handle bzw. entscheide immer mit einigen *Unwägbarkeiten.*

Genau dies – ich handle und entscheide mit *einigen Unwägbarkeiten* – entspricht einer grundlegenden systemischen Erkenntnis: hoch komplexe Systeme – und Unternehmen, Betriebe, Firmen, Vereine sind hoch komplexe Systeme – sind nicht einseitig und nicht zielgerichtet[4] steuerbar, einfach weil es zu viele Einzelelemente gibt, die sich wechselseitig beeinflussen – bitte beachten Sie: *wechselseitig.*[5]

Ich benutze hier gerne Bilder. Nehmen wir zunächst einmal ein Mobile. Kein kleines Mobile, sondern ein größeres mit vielen verschiedenen bunten Teilen unterschiedlicher Größe, verschiedener Substanzen

---

[4] Um Ihre Neugier anzuregen – schauen Sie auf jeden Fall später bei Fußnote 6 auf Seite 23 nach und kehren Sie – zumindest gedanklich – hierher zurück.

[5] Wer sich gerne angenehm unterhaltsam über den *radikalen Konstruktivismus* informieren möchte, dem empfehle ich Heinz VON FOERSTER und hier besonders das Interview mit Bernhard PÖRKSEN.

usf. Jetzt werfen Sie einen Ball. Das ganze Mobile gerät in Schwung. Vielleicht ließe sich die Bewegung vorhersagen, wenn ich alle physikalischen Bedingungen kennen und deren wechselseitige Beeinflussung berechnen könnte.

Gehen wir einen Schritt weiter – nehmen Sie sechs Katzen, die ruhig auf dem Boden liegen. Jetzt werfen Sie einen Ball. Ich denke, jetzt ist es schon schwerer, vorherzusagen, was die Katzen machen, die Menge der Einzelelemente (und der wechselseitigen Verknüpfungen) nimmt zu.

Jetzt nehmen Sie eine Gruppe Menschen, vielleicht Ihre Abteilung oder Ihre Familie. Werfen Sie einen Ball. *Ich* könnte jetzt nicht mehr vorhersagen, was die einzelnen Personen machen werden.

Und diese Beispiele sind relativ einfach. Stellen Sie sich ein Unternehmen vor, das aus vielen Elementen (Menschen, Abteilungen usf.) besteht, das eingebettet ist in eine soziale Umwelt, die wiederum Teil einer umfassenderen Umwelt ist, wobei sich alle Teile immer wieder wechselseitig beeinflussen ...

Das ist für mich eine der, wenn nicht die grundlegende Erkenntnis aus der Systemtheorie: ich kann hoch komplexe Systeme *nicht zielgerichtet* beeinflussen. Ich kann sie beeinflussen, ich kann sogar einiges dazu tun, dass die Wahrscheinlichkeit

Theorie oder: Was ich besser (nicht) wissen sollte ...

wächst, den Zielen näherzukommen – aber ich kann es eben nicht zielgerichtet[6] schaffen.

Jetzt bin ich bei meinem Lieblingsthema: was kann ich dazu beitragen, das (Unternehmens-) Ziel zu erreichen? Ein Kollege, Wolfgang LOTH, spricht in diesem Zusammenhang immer von *beisteuern*[7] – was kann ich wie dazu beisteuern? Systemisch heißt die Antwort: *weder* alles *noch* gar nichts!

Verwirrend? Nur wenn Sie dem Glauben anhängen, alles würde von Ihnen abhängen. Sie können viel tun – Sie können die *Rahmenbedingungen optimieren;* prüfen, ob das Ergebnis dem Ziel näherkommt; die Rahmenbedingungen entsprechend variieren; schauen, ob Sie dem Ziel näherkommen. Anders gesagt: Sie tun etwas und beobachten die Wirkung

---

[6] Ich verwende den Begriff *zielgerichtet,* wenn ich darauf aufmerksam machen möchte, dass es unmöglich ist, *einseitig zu instruieren,* d.h. ich kann niemand dazu veranlassen, so zu reagieren, wie ich es will. Ich kann allerdings dazu beitragen, dass die Reaktion sich mit größerer Wahrscheinlichkeit auf das Ziel zubewegt – ich spreche dann von *zieldienlich,* einem Begriff, den ich von meinem Kollegen Armin ALBERS (Niebüll) entlehnt habe.

[7] Bei LOTH (1998, S. 41f) heißt es: „Beisteuern ist nicht das gleiche wie Steuern. Es ist aber auch nicht das gleiche wie einfach dabeizusitzen. Beisteuern meint die Kompetenz, sich erkennbar, verantwortlich und anschlußfähig daran zu beteiligen, Perspektiven zu weiten und neue Möglichkeiten zu erschließen, ohne dies einseitig und allein entscheidend tun zu können."

und aufgrund dieser Wirkung unternehmen Sie wieder etwas – ein fortwährender Kreislauf.

Also – was Sie brauchen ist ... *Geduld!* Denn etwas tun und die Wirkung beobachten, braucht *Zeit*. In der Fachsprache ist die Rede von Feedback oder Rückmeldung – und die dabei gesammelten Informationen werden wieder ins System eingebracht, in Form neuer, anderer Handlungen. Damit sich nun die Wirkung entfalten kann, braucht es *Zeit* und deshalb brauchen Sie ganz einfach *Geduld*[8].

Ein kleines Beispiel aus dem Alltag: Sie wollen handwarmes Wasser aus der Leitung, drehen also das warme Wasser auf[9]. Zunächst fließt kaltes Wasser. Also drehen Sie weiter auf. Das Wasser wird wärmer, dann heiß. Jetzt drehen Sie den Kaltwasserhahn auf. Das Wasser bleibt heiß. Sie drehen den Kaltwasserhahn weiter auf. Das Wasser wird kälter, zu kalt. Sie drehen ... dauernd.

Was ist geschehen?

Damit sich die Wirkung des Warmwasserhahnes entfalten kann, braucht es Zeit. Es dauert einfach, bis das warme Wasser durch die Leitung zum Hahn transportiert wird. Das gleiche gilt für das kalte Wasser. Wenn Sie diesen *Verzögerungseffekt* nicht

---

[8] ... oder, wenn es hilft, tut es auch „brennende Geduld" (Antonio Skarmeta).

[9] Ich weiß wohl, dass es heutzutage weit modernere Anschlüsse gibt – Einhandbatterien mit Temperaturregelung ...

beachten, dann sind Sie ununterbrochen am Auf- und Abdrehen. Sie sind ganz einfach zu schnell.

Und daraus leiten sich für mich drei wichtige Erkenntnisse für erfolgreiches führen und leiten ab:

Geduld, Zeit und *Beobachten.*

Nun kann es durchaus sein, dass ein Mitarbeiter eine etwas andere Ansicht als Sie vertritt – Ihrer Meinung nach eine unpassende, störende oder falsche. Da entsteht sofort die Frage: Woher wissen Sie, dass *Sie* recht haben?

Dazu möchte ich Ihnen jetzt einen kleinen Ausflug in ein erkenntnistheoretisches Modell vorschlagen, das ich als hilfreich und nützlich erlebt habe – den radikalen Konstruktivismus. Keine Angst – Theorie soll immer praktisch, nützlich, hilfreich *und* verständlich sein.[10]

Radikale Konstruktivisten sagen, wir können die Wirklichkeit, wie wir sie wahr-nehmen, nie direkt und unmittelbar erkennen. Alles, was wir können, ist ... über unsere Sinneswahrnehmungen Eindrücke von der Wirklichkeit „unserer" Welt, die wir „erleben", konstruieren. Solange unsere Konstruktionen *nützlich* sind, ist alles in Ordnung.

---

[10] Der Literaturtipp findet sich bei Fußnote 5 auf Seite 21.

Ein Beispiel:

Konstruiere ich eine Wand als durchlässig, werde ich mir bei dem Versuch, dies zu beweisen, bestenfalls eine dicke Beule holen. Was weiß ich nun? Ich weiß nun eben immer noch nicht, wie die Wirklichkeit tatsächlich beschaffen ist – ich weiß allerdings ziemlich sicher (schließlich kann ich meine Beule fühlen!), dass meine Konstruktion *nicht passt* – also erfinde oder schaffe ich mir eine neue Konstruktion, von der ich hoffe, sie sei passender.

Es könnte sein, dass ich meine Konstruktion „eine Wand ist durchlässig" in Japan überprüfe – dort sind einige Wände tatsächlich durchlässig: sie sind aus Papier. Dort würde meine Konstruktion weiterhin *passen.*

Deshalb sagen Vertreter des radikalen Konstruktivismus auch, dass wir nicht wissen können, was wirklich wirklich ist – wir können uns aber über Sinn, Nutzen, Folgen und Konsequenzen unterschiedlicher Konstruktionen austauschen: *miteinander reden.*

Deshalb, so meine nächste Schlussfolgerung, gehört zu erfolgreichem führen und leiten[11] die Bereitschaft (und – natürlich – die Fähigkeit), mit anderen, die anderer Meinung sind, zu reden. Auch darüber, was an dieser anderen Meinung gut und sinnvoll sein *könnte.*

Alles dies macht nun wiederum nur Sinn und Nutzen – denke ich –, solange diese Gespräche im Rahmen der angestrebten Ziele bleiben. Hier kommen auch *unterschiedliche Interessen* ins Spiel, die zu den Rahmenbedingungen gehören. Und – Sie erinnern sich an das Beispiel mit der Wand – es hängt auch von den jeweiligen Bedingungen ab, vom *Kontext,* in dem Sie handeln.

Es geht – so die Grundidee des radikalen Konstruktivismus, wie ich sie verstehe – darum, ein Stück Toleranz gegenüber anderen Meinungen und Wirklichkeitsauffassungen zu bewahren – „tolerieren praktizieren" – und diese Unterschiede wertzuschätzen und in Hinblick auf die Erreichung des (Unternehmens-) Zieles ein- und abzuschätzen.

Das wäre für mich der vierte Aspekt: neben *Geduld, Zeit* und *Beobachten* das *Wertschätzen von Unterschieden.*

Jetzt muss ich noch einen, wenn nicht den entscheidenden Punkt ansprechen: erfolgreich führen und leiten ist immer an einem *Ziel* ausgerichtet, das sehr unterschiedlich benennbar sein kann: Profit, Umsatz, sinnvolle Produkte, Ressourcenschonung,

---

[11] Klein geschrieben – entgegen der grammatikalischen Spielregel ... Sie erinnern sich, weshalb? Ja? Prima! Nein? Wenn Sie Lust haben, können Sie noch einmal das Kapitel „Was soll's ..." lesen, bis Sie sich wieder erinnern ...

Vollbeschäftigung usf. Ohne klare Definition des Zieles fällt es schwer, Fortschritte in Richtung dieses Zieles überhaupt festzustellen.

Wenn es um Betriebe geht, dann sind Teile des Zieles immer *un*verhandelbar festgeschrieben – jeder Betrieb trachtet zumindest danach, auf dem Markt zu überleben. Wenn das nicht auch Ihr Ziel ist, dann, so denke ich, steht vermutlich Ihre Entlassung bald an.[12]

Und das ist für mich ein bedeutsamer Punkt geworden – es geht immer und immer wieder darum, diese (Unternehmens-) Ziele klar zu benennen, darüber im Gespräch zu bleiben, andere Ansichten wertzuschätzen und zu schauen, inwieweit sich die dahinterliegenden Ideen nutzen lassen können.

Anders gesagt, die größte Leistung, die Sie vollbringen, wenn Sie erfolgreich führen und leiten, besteht darin, Ihre Gesprächskunst zu nutzen, um das, was geschieht, vor dem Hintergrund der Ziele zu besprechen. Kein Wunder also, dass ich später noch etwas (mehr) zur *Kunst des Fragens* ausführen werde.

---

[12] Systemisch gesprochen: die kritische und wichtige Variable eines Systems ist der Erhalt, die *Homöostase*. Denn wenn diese nicht mehr gegeben ist, zerfällt das System. In der Wirtschaft heißt es schlicht *„bankrott"*.

Theorie oder: Was ich besser (nicht) wissen sollte ...

Ich möchte noch einen Punkt aufgreifen, im Grunde wiederholen und besonders hervorheben, der sich aus der Theorie des radikalen Konstruktivismus ableitet und der mir schon sehr, sehr oft geholfen hat, *im Gespräch* zu bleiben, statt darum zu streiten, dass ich recht habe.

Sie erinnern sich – nach dieser Theorie können wir nicht wissen, was wirklich wirklich ist. Jeder konstruiert daher seine eigene Wirklichkeit. Das heißt dann auch, dass jeder seine *guten Gründe* hat, seine Weltsicht genau so zu beschreiben, wie er es tut. Dasselbe gilt natürlich auch für mich. Für Ihr Gespräch mit einem Mitarbeiter oder einer Mitarbeiterin bedeutet dies, wenn unterschiedliche Auffassungen bestehen, dass es *nützlich* sein kann, die *guten Gründe* kennenzulernen, die diese unterschiedlichen Auffassungen hervorbringen[13].

Sie erinnern sich – Sinn, Nutzen, Folgen, Konsequenzen unterschiedlicher Auffassungen oder Konstruktionen, das ist es, worüber Sie zuerst reden sollten, ehe Sie dazu übergehen, die Konstruktionen zu bewerten. Das ist manchmal harte Arbeit. Hilft

---

[13] Was *gute Gründe* sind – darüber wird (genau) miteinander *gesprochen* und in diesem Miteinander-Sprechen werden soziale Bedeutungen und Bewertungen ausgehandelt – dies ist der Bereich des *sozialen Konstruktionismus* – das möchte ich der Vollständigkeit halber anmerken, hier aber nicht weiter ausführen.

aber meist, dass sich Ihr Gesprächspartner ernstgenommen fühlt – einfach weil Sie an den Hintergründen seiner Ideen interessiert sind. Und deshalb, denke ich, kann es bedeutsam sein, Gespräche so zu organisieren, dass dies auch deutlich wird ...

Wie schaffe ich Bereitschaft oder: Welcher Rahmen passt?

Jetzt wissen Sie Bescheid, wissen, was Sie brauchen – *Geduld, Zeit, Beobachten* und *Wertschätzen von Unterschieden*. Nur, das würde ich mich dann auch fragen: wie mache ich das, und wie stelle ich sicher, dass der erwünschte oder erwartete Erfolg auch eintritt?[1]

Als ich vor einigen Jahren hier durch die Stadt ging und mit sehr gemischten Gefühlen sah, wie im Stadtzentrum ein neues Projekt gebaut werden sollte, das durchaus umstritten war, ließ ich mir ein wenig *Zeit*. Ich sah etwas länger – oder: genauer? – hin, und was ich sah, war sehr beeindruckend. Überhaupt nicht neu, aber so *selbstverständlich*,

---

[1] Wie war das doch mit der Theorie? Inwieweit lassen sich so hoch komplexe System (wie Ihre Mitarbeiter und Mitarbeiterinnen) *zielgerichtet* (oder einseitig) steuern? Was heißt noch einmal *zieldienlich*? Und was war noch mit *beisteuern*?

dass ich es meist nicht mehr wahrnehme[2]. Ein Gewusel von Menschen und Maschinen – und jeder machte letztlich doch irgendwie das Richtige, denn am Ende, Monate später, wurde die Anlage eröffnet. Jeder trug dazu an seinem Platz das Richtige bei, und jeder war an seinem Platz richtig.

In der Theorie findet sich dieselbe Beschreibung, allerdings wohl klingender: jeder ist für das, was er tut, der eigene – und beste – Experte.

Wenn Sie führen und leiten, können Sie einfach nicht die Arbeit anderer mit erledigen. Ihre Aufgabe ist schlicht die, das zu tun, was dazu beiträgt, dass alle ihre Arbeit optimal erledigen können. Sie können die Arbeit der anderen einfach nicht machen. Im Grunde weiß ich das, im Grunde wissen Sie das auch sehr genau. Was mir dabei oft schwerfällt, ist, damit umzugehen, dass *ich* die Arbeit vielleicht anders, schneller, möglicherweise sogar besser erledigt hätte – aber es ist eben *nicht* meine Arbeit ...

---

[2] Und das führt leicht zu der Annahme, Selbstverständliches bedürfe keiner Worte, weil „wir" es „selbstverständlich" verstehen. So wird dann auch nicht geklärt, ob alle dasselbe unter dem Selbstverständlichen verstehen – was, wenn dies nicht der Fall ist, zu merkwürdigen und unangenehmen Missverständnissen führen kann, die sich schwer ausräumen lassen, denn eigentlich war doch alles selbstverständlich ...

Damit begründe ich – ein wenig anders – die bereits bekannte Erkenntnis: *wertschätzen* und *respektieren*.

Ja, ich weiß, es ist durchaus nicht ganz einfach, das zu wertschätzen, was jemand anderes tut, wenn ich denke, ich könnte es besser oder schneller. Hier hat *mir* die Systemtheorie oder genauer: der radikale Konstruktivismus sehr geholfen: jeder hat für das, was er tut, *gute Gründe* und die kann ich durchaus nicht immer gleich erkennen. Was hilft? Genau, Sie erinnern sich: *Geduld, Zeit* und *beobachten*. Und *wertschätzen*.

Wie umsetzen? Im Grunde ganz einfach – und ganz bekannt: *fragen*.

Wenn ich als Leiter eben *kein* Besserwisser bin, dann bleibt mir in Hinblick auf das, was ich nicht verstehe, kaum etwas anderes übrig, als zu fragen. Also frage ich und drücke in der Frage *mit* aus: mein aktuelles Noch-nicht-verstehen, mein Interesse, meine Neugier, meinen Wissensdurst und meinen Respekt. Ich frage also wertschätzend und weder abschätzend noch besserwissend. Das ist nicht immer einfach, das weiß ich wohl. Und kurzfristig kann es auch Zeit *kosten* – langfristig, so meine Erfahrung, zahlt es sich allerdings fast immer positiv aus.

Und damit kann ich einen weiteren Aspekt benennen, den ich mit erfolgreich leiten und führen verbinde: *moderieren durch fragen*.

Dabei, so denke ich, gilt es, die *Rahmenbedingungen* zu beachten: nicht fragen um des Fragens willen, sondern fragen, um dem – abgesprochenen – Ziel näherzukommen. Meine Fragen sollen dabei helfen. So gesehen, müssten Fragen einerseits *zieldienlich*, andererseits *nützlich* sein.

Jetzt wäre vielleicht ein *kleiner Exkurs über Fragen* angebracht, denn wie kann ich sicher sein, dass meine Fragen zieldienlich und nützlich sind. Zumal aus der Kommunikationstheorie bekannt ist, dass die Bedeutung einer Botschaft immer – ohne Einschränkung – der Empfänger bestimmt, nie der Sender. Anders gesagt, ich frage mit bestimmten Absichten, mein Gegenüber interpretiert auf seine Weise – und beides ist nicht infrage zu stellen. Und genau hier liegt eine der größten Schwierigkeiten im Umgang miteinander – die eigene Überzeugung, dass das, was ich sage, auch so bei meinem Gegenüber ankommen *muss*, wie ich es gemeint habe. Also bin ich oft geneigt, darüber zu streiten, was *richtig* ist.

Kommunikationstheorie wie radikaler Konstruktivismus haben mich gelehrt, hier ein wenig bescheidener zu werden. Oder, um einen bekannten Theoretiker, Humberto MATURANA, sinngemäß zu zitieren: ich bin nicht verantwortlich für das, was Sie hören.

Ich bin aber voll verantwortlich für das, was ich sage. Und kommt meine Botschaft anders an, als ich es gerne hätte, was bleibt mir dann anderes übrig, als zu fragen? Respektvoll und wertschätzend. Und im Rahmen der vereinbarten Ziele.

Für Gespräche haben sich einige Grundregeln als hilfreich und förderlich erwiesen – insbesondere die Idee, *Selbstverständlichkeiten*[3] zu erwähnen. Das betrifft sowohl das, was Mitarbeiter und Mitarbeiterinnen tun als auch den Rahmen des Gesprächs.

Verlagern Sie doch einmal Ihre Perspektive, Ihren Blickwinkel: wie war das für Sie, als Sie Ihre Position noch nicht erreicht hatten, und der Chef Sie zum Gespräch bat? Welche Gefühle, Vorstellungen und Erwartungen kamen da in Ihnen hoch? Und welche davon stellten sich später als zutreffend heraus?

Wir leben, ob es uns gefällt oder nicht, in einer Art *Fehler-Kultur*[4] – Bewertungen beruhen mehr auf den Fehlern, die wir machen, als auf den Leistungen, die wir erbringen. Fehler werden erwähnt, Leistungen sind meist selbstverständlich. Und dabei geht es Ihnen vermutlich genauso wie mir: ich ziehe es vor, in einem Rahmen zu reden, in dem ich positiv gesehen werde, in dem nicht nur (oder vor allem)

---

[3] Sie können, wenn Sie mögen, noch einmal zu Fußnote 2 dieses Abschnittes zurückgehen ...

[4] Vielleicht wäre – so ein Hinweis von Wolfgang Loth – der Begriff Fehler-Bemerk-Kultur passender ...

meine Fehler zur Sprache kommen. Das zu wissen, stimmt mich ein – so oder so ...

Für Ihren Umgang mit „Ihren" Mitarbeitern und Mitarbeiterinnen könnte es sich daher sehr positiv auszahlen, wenn Sie sich bemühen, den *Rahmen des Gesprächs* immer verständlich, einsehbar und wertschätzend zu bestimmen. Ihre Mitarbeiter und Mitarbeiterinnen sollten wissen, wenn Sie mit Ihnen zusammenkommen, worum es Ihnen geht, was am Ende herauskommen soll und welche Rolle die Beiträge der Mitarbeiter und Mitarbeiterinnen überhaupt spielen. Und vor allem sollten sie wissen, wie lange das Gespräch dauern wird.

Ich kann mir Ihren Einwand schon vorstellen – das sind doch alles Selbstverständlichkeiten! Ganz genau! Und gerade deshalb, so meine Erfahrung, könnte es wichtig sein, diese Selbstverständlichkeiten auch immer wieder selbstverständlich zu erwähnen. Selbstverständlichkeiten haben die Tendenz, ganz selbstverständlich unerwähnt zu bleiben – sie sind eben nicht der Rede wert ...[5]

Deshalb mein Rat, der sich auf meine Erfahrungen gründet:

Wenn Sie zu einem Gespräch einladen, sollten Sie sich zuallererst die Form der Einladung und die Form des Gesprächs gut und genau überlegen – mündlich, telefonisch, schriftlich, mit offiziellem Briefkopf ... Jede Form weckt Assoziationen, deshalb sollten Sie klar machen, ob es sich um eine

Wie schaffe ich Bereitschaft oder: Welcher Rahmen passt?

Ein*ladung* oder eine Ein*berufung* handelt. Oder um ein zwangloses Treffen, in dem dennoch wichtige Botschaften ausgetauscht werden.

Ich erinnere mich daran, dass in einer Einrichtung die ständigen Dienstbesprechungen oder Abteilungsleitertreffen zwar notwendig schienen, andererseits aber vom Chef eher ineffektiv beurteilt wurden. So entstand die Idee, diese Treffen in einem *anderen*[6] Rahmen fortzuführen – es gibt jetzt keine Dienstbesprechungen oder Abteilungsleitertreffen mehr, dafür aber ein 14-tägiges *Unternehmensfrühstück* ... wo alles in angenehmerer und informellerer Atmosphäre (zieldienlich) besprochen wird. Es scheint ganz anders und doch irgendwie gleich.[7]

Das bringt mich auf den Hinweis, dass Sie sich bewusst sein sollten, dass Sie, wenn Sie zu einem Gespräch einladen, auch immer *Gastgeber* sind. Und Sie haben doch sicher eine Vorstellung, wie Sie behandelt werden möchten, wenn Sie Gast sind, oder?

---

[5] Was „nicht der Rede wert" ist, könnte vielleicht *frag würdig* sein – also *würdig, danach gefragt zu werden* ...

[6] *anders* ist ein Begriff, der Unterschiede hervorhebt, anerkennt und würdigt – ohne deshalb diese Unterschiede gleich zu bewerten. Es ist eben *anders,* ob besser oder schlechter oder gleich geblieben – das ist ein „anderes Paar Schuhe".

[7] Wie das französische Sprichwort besagt: „Plus ça change, plus c'est la même chose."

Zunächst, denke ich, sollten Sie Ihre Gäste auch *persönlich* begrüßen – und dabei *Ihrem* Stil treu bleiben. Eine solche Begrüßung drückt immer auch Ihre Wertschätzung aus. Deshalb sollten Sie – als Gastgeber – auch *nie* zu spät kommen. Wie Sie auch allen Anwesenden danken sollten, dass Sie gekommen und da sind. Wenn Sie können, können Sie ... hier einige *Komplimente* für Ihre Mitarbeiter und Mitarbeiterinnen einbringen. Doch denken Sie dabei immer daran: Sie sollten nur solche Komplimente machen, hinter denen Sie auch stehen. Das ist zwar nicht unbedingt einfach, lässt sich aber durchaus lernen – z. B. indem Sie die von mir bereits des öfteren erwähnten *Selbstverständlichkeiten* selbstverständlich positiv erwähnen.

Dies sind erste Schritte, den Rahmen wertschätzend und respektvoll zu konstruieren. Dazu gehört dann – *selbstverständlich* – auch, die *Dauer* des Gesprächs noch einmal festzulegen, sofern dies nicht bereits mit der Einladung geschehen ist. In diesem Falle sollten Sie deutlich machen, warum Sie denken, dass die vorgesehene Zeit *ausreichend* ist.

Das *Thema* – das sollten Sie noch einmal ganz präzise benennen und ebenso präzise deutlich machen, wessen Interesse es ist, dieses Thema in dieser Runde zu besprechen. Sie merken schon – dies ist eine Überleitung zum Thema *Ziel* oder *was soll denn heute dabei herauskommen?*

Wie schaffe ich Bereitschaft oder: Welcher Rahmen passt?

An dieser Stelle, so meine Erfahrung, stellen Sie oft eine wichtige Weiche – wenn Sie klären, ob und inwieweit Übereinstimmung (der sog. *Konsens*) besteht. Hier empfehle ich Ihnen, sich *Zeit* zu lassen, an diesem Konsens zu arbeiten – was nützt es Ihnen, wenn alle „ja" sagen, Ziel und Vorgehen dabei aber ebenso unklar bleiben wie die offenen oder verborgenen Interessen?

Deshalb kann ich nicht oft genug darauf hinweisen, hier wiederholt nachzufragen, z.B.

- ☺ Macht dieses Vorgehen Sinn?
- ☺ Ist klar genug, was bei dieser Zusammenkunft herauskommen kann und soll?
- ☺ Gibt es andere Ideen zum Vorgehen?
- ☺ Ist es sinnvoll, in dieser Konstellation zu sprechen oder sollte sie geändert werden?
- ☺ Weitere Anregungen?

Und eines erscheint mir überaus wichtig – Sie sollten immer sehr deutlich in dem sein, was *verhandelbar* und was *nicht verhandelbar* ist. Hier liegen meist unzählige Stolpersteine verborgen, die „üble Verletzungen" nach sich ziehen können. Deshalb sollten Sie, wenn Konsens hergestellt ist, diesen noch einmal ausdrücklich formulieren. Wird er bestätigt, dürfen Sie der ganzen Runde ein dickes Kompliment machen – denn jetzt kann es an die Arbeit gehen. An die nächste Arbeit, natürlich.

Wie schaffe ich Bereitschaft oder: Welcher Rahmen passt?

Und jetzt sind zwei Formalitäten ungemein wichtig – gibt es einen *Gesprächsleiter* und wird ein *Protokoll verfasst?* Hier habe ich kein Patentrezept, empfehle aber *Regeln* für das Sprechen einzuhalten – *das gilt ganz besonders für Sie selber.* Ich habe es allzu oft erlebt, dass Chefs pausenlos reden, das hätten Sie gut und gerne (ich vermute sogar: besser) als gedrucktes Info oder Memo verteilen können, dann müsste niemand jetzt seine Zeit „absitzen", oder sich jederzeit das Wort nehmen (meist ein Hinweis, dass der Chef der Ansicht ist, seine Meinung durchsetzen zu müssen, denn sonst könnte er mit *Geduld* zuhören und warten ...).

Ja – und jetzt kann es losgehen ...

Kooperieren oder: Was heißt denn „zusammen arbeiten"?

In neueren Ansätzen der Therapie gehört es zum Allgemeingut, dass *kooperieren* eine unerlässliche Bedingung gelingender (therapeutischer) Zusammenarbeit ist. Klar, hier geht es nicht um Therapie, aber ich denke, dass es – wenn es um Gespräche geht – ganz hilfreich, nützlich und sinnvoll sein kann, sich von denen etwas *abzugucken*, die sich professionell damit beschäftigen[1].

Also – kooperieren ist auch in Ihrem Betrieb unerlässlich für eine gelingende Zusammenarbeit. Ich höre schon Ihre Einwände: Das ist doch klar wie dicke Kloßbrühe! Was ist denn der Unterschied

---

[1] Der US-Folksänger Pete SEEGER drückte das sehr philosophisch aus: „plagiism is basic to all culture", während der Biologe Humberto MATURANA dies in einem persönlichen Gespräch überraschend „marktbezogen" sinngemäß etwa so formulierte: „Die Japaner reisen herum, schauen sich alles an. Und kopieren es dann. Aber besser als das Original."

zwischen *kooperieren* und gelingender *Zusammenarbeit?*

Da haben Sie genau die beiden wunden und wichtigen Punkte angesprochen. Ich hoffe, Sie haben etwas Nachsicht mit mir, wenn ich ein klein wenig aushole.

In einem seiner bekanntesten Bücher, *Menschliche Kommunikation,* definiert Paul Watzlawick[2] Kommunikation sehr breit und sehr allgemein – so breit und allgemein, dass im Grunde jedes Verhalten als Kommunikation bezeichnet werden kann. Gezeigtes und nicht gezeigtes Verhalten[3]. Er führt beispielsweise an, dass der nicht geschriebene Brief oder die nicht gesagte Entschuldigung durchaus eine nachhaltigere Kommunikation (oder: Botschaft) sein kann als das geschriebene oder gesprochene Wort.

Das macht Ihnen hoffentlich auch das berühmte *1. Axiom der Kommunikation* verständlich: *Man kann nicht nicht kommunizieren.* Ganz genau – alles, was Sie oder ich tun (oder nicht tun), ist Kommunikation. Dem können weder Sie noch ich entkom-

---

[2] Das Buch ist von drei AutorInnen geschrieben, wird allerdings meist mit dem Namen Watzlawick zitiert.

[3] Natürlich ist auch nicht gezeigtes Verhalten Kommunikation bzw. Verhalten. Es ist einfach in dem Sinne nicht gezeigt, als es (von jemand anderem) *erwartet* worden ist – und so entfaltet es seine Wirkung, ohne jemals beobachtet worden zu sein! *Erwartungen wirken ...*

men. Das sagt nun allerdings noch nichts darüber aus, welche Bedeutung die Kommunikation oder die darin enthaltene Botschaft bzw. Mitteilung hat. Auch Kommunikation kann, etwas drastisch gesagt, in die Hose gehen. Es bleibt dennoch immer Kommunikation.

Warum ich darauf herumreite?

Nun, mir ist wichtig, den Unterschied herauszustellen – den Unterschied zwischen (1) der Beschreibung, dass wir nicht nicht kommunizieren können und (2) der Beschreibung, wie wir (Sie, ich oder ein anderer) die Kommunikation *bewerten*. Das sind zwei verschiedene Paar Schuhe.

Und genauso möchte ich *kooperieren* verstehen. Nämlich so: *Man kann nicht nicht kooperieren*. Aber die Bewertung – ob die Kooperation klappt, scheitert, sich bessert usf. – ist eine ganz andere Sache – es sind zwei Paar Schuhe.

Ich möchte das an einem Beispiel illustrieren:

Ein Mitarbeiter stellt immer wieder Fragen zu Dingen, die Ihrer Ansicht nach bereits entschieden sind. Das hält die Arbeit auf, verlängert die Gespräche, verzögert die Umsetzung. Mit anderen Worten, Sie *bewerten* die Kooperation als schlecht.

„Langsam, langsam!", möchte ich da rufen. Lesen Sie noch einmal die Überschrift – da spreche ich ausdrücklich von *kooperieren*. Ich benutze ein

Verb, ein Tu-Wort und kein Substantiv, kein Ding-Wort. Aus gutem Grund – hoffe ich zumindest.

Für mich stellt kooperieren eben keine Sache dar, sondern eine Tätigkeit. Und Tätigkeiten haben immer mit den Beziehungen zwischen Personen zu tun. Mit *Interaktionen,* wie es im Fachjargon heißt. Sie sind immer wechsel- oder gegenseitig beeinflusst.

Zurück zu meinem kleinen Beispiel: wenn *Sie* die Kooperation negativ bewerten, dann können *Sie* etwas daran tun – einfach weil *kooperieren* sich immer im Miteinander, im gegenseitigen Tun, in der Interaktion vollzieht – und daran sind Sie beteiligt oder, um markttechnisch zu formulieren: „da haben Sie Aktien drin".

Natürlich könnten Sie jetzt *fragen:* „Ja, was soll ich denn jetzt tun?" Denken Sie zurück an die Theorie – radikaler Konstruktivismus: jeder hat für das, was er tut, *gute Gründe.* Es könnte vielleicht nützlich sein, dass Sie Ihr Augenmerk darauf richten – welche guten Gründe hat der Mitarbeiter Meier, immer wieder scheinbar bereits entschiedene Dinge infragezustellen? Sucht er nach der optimalen Entscheidung? Regt er Sie an, Ihre Entscheidung noch einmal zu überdenken? Wie sehen das die anderen Mitarbeiter und Mitarbeiterinnen?

Sie merken schon – ich bin in den entscheidenden Punkt einfach so hineingerutscht – *Fragen stellen.*

Kooperieren oder: Was heißt denn „zusammen arbeiten"?

Und dazu möchte ich gleich (d.h. später im Buch, genau genommen erst am Ende, im letzten Kapitel) etwas mehr sagen.

Eine kleine Idee möchte ich Ihnen zum Thema *kooperieren* nicht vorenthalten:

Stellen Sie sich vor, Sie haben eine Skala auf Ihrem Schreibtisch. Die reicht von 1 bis 10. Es ist eine sog. „kooperieren-Skala" und gibt an, wie gut Sie *Ihren* Einsatz bewerten, kooperieren zu optimieren.

Wenn Sie sich morgens an Ihren Schreibtisch setzen, fragen Sie sich als erstes – mit Blick auf die Skala – „was glaube ich, wie gut ich heute meine Möglichkeiten zu kooperieren, einsetze?" 1 bedeutet: ganz schlecht, schlechter geht es nicht und 10 bedeutet: herausragend, besser geht es nicht.

Und dann machen Sie Ihre Vorhersage für diesen Tag, indem Sie den Skalenwert einstellen.

Am nächsten Morgen, wenn Sie sich an Ihren Schreibtisch setzen, fragen Sie sich als erstes: „Gestern habe ich mich auf ‚xx' eingeschätzt." Dann überlegen Sie kurz – wirklich kurz –, welchen Wert Sie sich heute – im nachhinein – geben. Dann fragen Sie sich wieder – mit Blick auf die Skala – „was glaube ich, wie gut ich heute meine Möglichkeiten zu kooperieren, einsetze?"

Wie gesagt, es ist nur ein kleiner Tipp. Sie erinnern sich? *Beobachtung* zählt für mich zu einer wichtigen Fertigkeit, wenn es um erfolgreich führen und leiten geht – und beobachten heißt immer auch *sich selbst beobachten*.

Immer präsent oder: Was Erziehung lehren kann ...

Solange alles glatt und reibungslos läuft, brauchen Sie sich überhaupt keine Gedanken zu machen. Es läuft ja alles. Doch dann, plötzlich, stockt es, Gespräche sind kaum möglich, irgend etwas ist schief gelaufen, und Sie haben es (viel zu) spät mitbekommen. Was nun? Was tun?

Ich möchten Ihnen jetzt vorschlagen, einmal in den Bereich Erziehung zu schauen, denn auch dort geht es – zumindest so wie ich es verstehe – darum, Kinder und Jugendliche zu bewegen, anzuregen, in Richtungen zu lenken – ohne je ganz sicher sein zu können, erfolgreich zu sein[1]. Und Reibungspunkte gibt es mehr als genug. Glücklicherweise auch viele erfolgreiche Vorgehensweisen. Und eine möchte ich Ihnen gerne vorstellen, weil ich der Meinung

---

[1] Ich weiß, ich reite schon wieder darauf herum, dass ziel*gerichtetes* leiten oder lenken nicht möglich ist, wohl aber ein ziel*dienliches*. Und Sie haben das wieder gleich bemerkt! Toll!

bin, dass diese für Sie sehr nützlich sein kann, Mitarbeiter und Mitarbeiterinnen zu führen ...

Ich hoffe, Sie sind bereit, mir bei meinem kurzen Ausflug in den Bereich Erziehung und Entwicklungspsychologie zu folgen. Ja? Danke. Ich werde mich kurz fassen, so kurz ich kann.

In der Erziehung sind immer *zwei Rollen* vorgegeben. Ich nenne sie der Einfachheit halber Eltern und Kinder. Haim OMER, Psychologe aus Tel-Aviv, hat dies so beschrieben und das Konzept der *elterlichen Präsenz* entwickelt, das ich, etwas vereinfacht und auf mein Anliegen zugeschnitten, so beschreibe:

Eltern müssen bei ihrer Erziehungsaufgabe *präsent* sein als *Person* wie in ihrer *Rolle*. Dabei müssen sie bereit sein, *Verantwortung* zu übernehmen, *Grenzen* zu setzen sowie Grenzüberschreitungen in einer Art *gewaltlosem Widerstand* gegenüberzutreten – und das immer auf der Grundlage des Respekts vor und der Liebe zu ihren Kindern.

Sie fragen sich sicher schon, was das mit führen und leiten zu tun haben soll oder kann. Gemach ... ich denke: sehr viel. Ich möchte Sie anregen, einmal über das *grundlegende Prinzip* nachzudenken. Ich übertrage das einfach einmal auf die Führungs- und Leitungsebene:

Als Chef, als Vorgesetzter müssen Sie bei Ihrer Leitungsaufgabe *präsent* sein als *Person* wie in Ihrer *Rolle*. Dabei müssen Sie bereit sein, *Verantwortung* zu übernehmen, *Grenzen* zu setzen – Sie erinnern sich: *nicht verhandelbare Rahmen* – und Grenzüberschreitungen in einer Art *gewaltlosem Widerstand* gegenüberzutreten – und das immer auf der Grundlage des Respekts vor und der Wertschätzung von ihren Mitarbeitern und Mitarbeiterinnen.

Das ist schon alles, denke ich. Einfach gesagt. Und überhaupt nicht neu, oder?[2] Also der Reihe nach.

Als Führungskraft ist es eine Ihrer Aufgaben, dafür zu sorgen, dass ein optimaler Einsatz (von Menschen, Ressourcen und Maschinen, wie es so heißt) in Hinblick auf die Ziele[3] erfolgt. Und Ziele stehen immer in Zusammenhang mit der Klarheit des Rahmens. Und das ist eine Ihrer wesentlichen Aufgaben – sowohl für die Klarheit wie für die Zustimmung zu diesen Zielen und Rahmenbedingungen zu sorgen. Wird dagegen verstoßen – oder denken Sie, dass dagegen verstoßen wird –, dann ist es bedeutsam, dass *Sie präsent sind und bleiben.* Und Präsenz erreichen Sie am einfachsten dadurch, dass Sie körperlich anwesend sind, also bei Ihren

---

[2] Das haben Sie sicher schon bemerkt – die ganzen systemischen Ideen sind überhaupt nicht neu – eher eine Wiederentdeckung des Alten (zum Teil mit neuen Begriffen, denn neue Begriffe lassen sich eher bzw. besser vermarkten und verkaufen ...).

[3] Ohne Ziel, Sie erinnern sich, irren Sie letztlich herum, wie ein Blatt im Wind. Da wird es schwer, sich zu orientieren. Und wer die Orientierung verliert, weiß zum einen nicht, wohin er gehen soll und er könnte zum anderen auf die Idee kommen, eigene und andere Wege zu gehen, die mit den Zielen nichts zu tun haben.

Mitarbeiterinnen und Mitarbeitern vorbeischauen, sie individuell (an-)sprechen oder Gruppentreffen vereinbaren.

Sie haben es gemerkt! Wunderbar! Es stimmt wirklich: es läuft immer wieder auf dasselbe hinaus – *im Gespräch bleiben*. Das ist die Präsenz, auf die Sie bauen können. Und vor allem, es ist die einzige, die Sie nutzen können.

Klar, das wissen Sie auch – Sie haben ein ganzes Spektrum von Disziplinierungsmaßnahmen: von der freundlichen Erinnerung bis zur Entlassung. Nur – ja, Sie erinnern sich?[4] Das stellt immer die *Fehler* an die erste Stelle. Und das hat Konsequenzen – es erhöht den Druck, keine Fehler zu machen. Anders gesagt – die *Furcht vor Misserfolg* leitet, und das ist ein bekanntes Wirkmuster, das Entwicklungspsychologen nur allzu gut kennen. Und die wissen auch, dass *Hoffnung auf Erfolg* zumeist stärker, besser und nachhaltiger motiviert.

Deshalb meine Bitte: Disziplinierungsmaßnahmen sind in der Regel nichts anderes als Einschüchterungsmaßnahmen – wenn man (Sie?) nicht weiter weiß. Ändern tun sie in der Regel nichts. Das stimmt nicht ganz – sie schüren Angst und das wissen Sie selber doch auch, dass Angst meist

---

[4] Im Kapitel über den *passenden Rahmen* hatte ich darauf hingewiesen – das meine ich hier –, dass wir in einer *Fehler-Kultur* leben, die unser Augenmerk stärker auf das Versagen lenkt.

ein schlechter Ratgeber ist. Deshalb, so meine Meinung, zeichnen Sie als gute Führungskraft sich letztlich *immer* dadurch aus, dass Sie *im Gespräch bleiben. Präsent sind.*

Und *Präsenz* hat in meinen Augen immer zwei Aspekte: Sie sind tatsächlich anwesend, Sie sind dabei. Oder Sie sind in den Köpfen Ihrer Mitarbeiter und Mitarbeiterinnen anwesend. Sie sind virtuell.

Ich hoffe, ich habe mich klar genug verständlich machen können: Ihre Präsenz ist letztlich nur eine andere Form der Beschreibung, dass Sie Verantwortung übernehmen, den Beitrag Ihrer Mitarbeiterinnen und Mitarbeiter wertschätzen und Ihre Mitarbeiterinnen und Mitarbeiter sich darin voll und ganz auf Sie verlassen können. Fast hätte ich noch hinzugefügt: in guten wie in schlechten Tagen.

Präsenz heißt für mich auch, dass Ihre Mitarbeiter und Mitarbeiterinnen sich darauf verlassen können, dass sie mit Ihnen reden können, dass Sie dann, wenn es nötig ist, da sind – und dass Sie Verantwortung übernehmen.

Gut, Sie haben recht – *Präsenz,* das ist nicht einfach eine Technik, das ist auch eine Haltung. Ich hatte Ihnen ja gleich zu Anfang gesagt, jede Technik, die Sie einsetzen und nutzen, sollte *Ihnen entsprechen,* denn sonst wird es nur ein Trick und dann geht es nur noch darum, wer am besten tricksen kann.

Immer präsent oder: Was Erziehung lehren kann ...

Moderieren oder: Wer nicht fragt, bleibt dumm

Sind die Rahmenbedingungen gegeben – also das, was unveränderlich bleibt und deshalb auch nicht Gegenstand von Verhandlungen werden kann –, dann besteht Ihre Hauptaufgabe darin, darauf zu achten, dass zum einen diese Bedingungen eingehalten werden, dass zum anderen in Richtung auf die *vereinbarten* Ziele gearbeitet wird und dass – last but not least – auch ein bisschen Freude und Spaß in den Alltag einfließen. Ich nenne das, was Sie tun, *moderieren durch zieldienliches und nützliches Fragen.*

Was hier so einfach klingt, so logisch und klar, bedarf in der Praxis durchaus des bewussten Trainings und fortlaufender Aufmerksamkeit. Das leuchtet Ihnen sicher ein, wenn Sie an den Anfang eines solchen Gesprächs denken: psychosoziale Fachleute haben hierfür den Begriff *Joining* geprägt. Der englische Begriff „to join" steckt dahinter, wörtlich übersetzt etwa „(sich) verbinden mit, anfügen." Eine deutsche Umschreibung, die die darin enthaltene Aufgabe in meinen Augen passend beschreibt, lautet „ankoppeln".

Für mich hat es sich als hilfreich, nützlich und ziel*dienlich* erwiesen, zunächst sehr sorgsam den *Rahmen* des Treffens einvernehmlich zu erarbeiten – also begrüßen, Themen bestimmen, Arbeitsaufträge formulieren und Ziele für *dieses Treffen* klären.

Ich beschreibe die Aufgabe des Moderators als die eines orientierenden Begleiters. „Moderieren" leitet sich vom Wort „mäßigen" her. Ich habe mir das so übersetzt, dass meine Aufgabe darin besteht, maßvoll maßzuhalten. Ich bin ein Begleiter, der dafür sorgt, dass alles das, was getan wird, mit Augenmaß – eben maßvoll – geschieht und sich an den vereinbarten Zielen orientiert.

Eine andere, schöne – und wie ich finde überaus passende – Beschreibung habe ich in einem Fremdwörterlexikon[1] gefunden. Dort wird die Aufgabe eines Moderators so beschrieben, dass er „durch den Ablauf hindurchführt." Ein Begleiter, der auch auf das Wohlergehen und Wohlbefinden achtet – wie er auch für Orientierung sorgt. Anders gesagt – der Moderator sollte sich in dem, was er

---

[1] Ich weiß leider nicht mehr in welchem – weil ich, neugierig, wie ich bin, fast immer diese Lexika bei den Leuten, die ich besuche, durchstöbere.

moderiert so weit auskennen, dass er tatsächlich gut begleiten kann.[2]

Und hier hilft mir wieder systemische Theorie. Sie erinnern sich bestimmt an die Bedeutung von *Rückmeldung* und *Rückkopplung*. Das ist in meinen Augen eine der entscheidenden Aufgaben, wenn Sie moderieren: *rückkoppeln* und *rückmelden*. Aber der Reihe nach:

Rückmelden – Sie sind, so verstehe ich Ihre Aufgabe als Moderator, dafür verantwortlich, immer wieder die *Möglichkeit für* Rückmeldungen zu organisieren. Das geht, so meine Erfahrung, am besten, wenn Sie danach *fragen*. Zieldienlich und zielorientiert. Rückmeldung ist kein Selbstzweck, sondern Mittel zum Zweck – und der Zweck des Treffens, das Sie moderieren, ist und bleibt eine Annäherung an die vereinbarten Ziele.

Die Standardfragen könnte ich also etwa so formulieren:

☺ „Inwieweit sind wir mit dem, was hier geschieht, dem Ziel nähergekommen?"

---

[2] „Auskennen" beziehe ich hier *nicht* auf das Thema, die Sache, den Verhandlungsgegenstand – das würde nämlich das Risiko erhöhen, besser zu wissen, also *Besserwisser* zu sein/werden. Ich meine *auskennen* im Sinne eines Wegbegleiters, eines Kundschafters oder Pfadfinders, der sein Wissen dazu beiträgt, sich möglichst nicht oder möglichst wenig zu verlaufen – also *ohne umleiten* dem Ziel näherzukommen.

☻ „Wenn wir zu Beginn des Treffens in Hinblick auf das Ziel bei ‚1' waren – das war unser Startpunkt – und das Ziel, auf das wir uns hier geeinigt haben, liegt bei ‚10', wo stehen wir da Ihrer Meinung nach im Moment?"
„Und was hat geholfen, dorthin zu kommen?"
„Bis wohin können wir heute realistischerweise kommen?"
„Was sind dazu die notwendigen nächsten Schritte?"

Was Sie tun, ist also, Ihre Mitarbeiter und Mitarbeiterinnen zu ermuntern, *persönliche Einschätzungen* abzugeben, inwieweit das Gespräch dazu beigetragen hat, dem Ziel näherzukommen. Ihr Job ist es, besonders darauf zu achten, dass Einschätzungen abgegeben werden und dass eben nicht kritisiert wird. Ihre Aufgabe als Moderator ist es, einen *wertschätzenden Rahmen* zu spannen und aufrechtzuerhalten.

Was tun, wenn (heftige) Kritik kommt? Sie erinnern sich daran, dass jeder für das, was er sagt oder tut, *gute Gründe* hat – und wer heftig kritisiert, ist vermutlich *unzufrieden*. Das ist mir durchaus sehr verständlich – offenbar konnte die Erwartung nicht erfüllt werden, dem Ziel noch näher zu kommen. So gesehen, könnte diese Unzufriedenheit Ausdruck der hohen Erwartungen und des Engagements sein. Das ist, denke ich, auf jeden Fall eine positive Bemerkung *wert* – nennen Sie dies nun Anerkennung, Lob, Wertschätzung oder Kompliment. Um

Moderieren oder: Wer nicht fragt, bleibt dumm

dann die Frage nachzuschieben: „Was müsste hier heute noch geschehen, dass Sie am Ende ein *bisschen* zufriedener sind?"

Rückkoppeln – darunter verstehe ich die *Kunst*, Rückmeldungen der Gruppe zu sammeln, wertschätzend zu sammeln und – indem sie laut und deutlich ausgesprochen werden – sie wieder als Information einzugeben. Daraus *können* dann, wenn nötig, weitere, konkretere oder spezifischere Aufgaben und Schritte entwickelt werden.

Das, was sich hier so leicht und einfach anhören mag, ist, so denke ich, tatsächlich eine *Kunst* – nämlich die Kunst, sich selber ein Stück zurückzustellen. Anders gesagt, Sie sollten nur dann die Rolle des Moderators übernehmen, wenn Sie sich sicher[3] sind, dass Sie diesen Schritt auch wirklich zurücktreten können (und wollen).

An dieser Stelle ein *wichtiger Hinweis:*

Nicht jedes Gespräch kann meiner Ansicht nach in dieser Form organisiert werden – manchmal haben *Sie selber* klare Interessen, bestimmte Sachverhalte mitzuteilen oder es geht Ihnen darum, Beschwerden, die Sie in Ihrer Funktion als Vorgesetzter erreicht haben, abzustellen. Dann

---

[3] Wenn es nicht so übertrieben klingen würde, hätte ich formuliert „wenn Sie sich *absolut* sicher sind". Deshalb ist die Wahl des „richtigen" Moderators so bedeutsam.

sollten Sie nicht unbedingt ein neutral-entrückt-abgehobener Moderator sein, denn dann geht es darum, Rahmen zu verdeutlichen – also zu klären, was verhandelbar ist oder nicht[4]. Auch dies lässt sich in unterschiedlichem Ausmaß *wertschätzend* gestalten – über Fragen.

Dazu hat der Volksmund eine sehr, sehr treffende und überaus hilfreiche Daumenregel[5] parat, an die ich Sie hier abschließend erinnern möchte: „Was du nicht willst, das man dir tu, das füg' auch keinem andern zu."

---

[4] Oder es geht darum, was „tragbar" ist oder nicht ...

[5] Ein Wort zur Sprache: Ich bevorzuge *Daumenregeln* – mit hoch gestelltem Daumen. Ich halte viel weniger von *Faustregeln* – eine geschlossene Faust lädt eher zu Konfrontationen ein ...

„So stimmt es einfach nicht!" oder: Streiten – mit welchem Ziel?

Wenn Sprechen oder Gespräche (einzeln oder in/mit Gruppen) das entscheidende „Mittel"[1] sind, das Ihnen zur Verfügung steht, zu führen und zu leiten, dann – das brauche ich nicht besonders zu betonen – sind die sog. *kritischen Situationen* vermutlich die, wo Meinungs- und Interessenunterschiede auftreten, thematisiert und in ihrer Unterschiedlichkeit dargelegt werden. Beste Voraussetzungen zu streiten – oder aber einfach anzuordnen, um Einigkeit herzustellen[2]. Die Frage steht im Raum: was ist sinnvoll, um erfolgreich zu führen und zu leiten?

---

[1] Ein Mittel ist immer ein Mittel zu etwas, zu einem Zweck (Ziel). Allerdings heiligt der Zweck durchaus *nicht* die Mittel!

[2] Wobei die Frage erlaubt ist, ob so Einigkeit hergestellt wird oder Ruhe und Folgsamkeit ...

Sie erinnern sich an die Theorie? An die Idee, dass nichts so praktisch ist, wie eine gute Theorie? Wie das jetzt hilfreich sein kann? Gut, dazu meine Idee:

Zunächst einmal erinnere ich (mich) daran, dass es durchaus legitim ist, Wirklichkeit sehr unterschiedlich zu sehen. Es sind *Konstruktionen*, die *mehr oder weniger nützlich* sind. Wenn es nun unterschiedliche Meinungen gibt, diese mit Nachdruck und Klarheit im Raum stehen, dann könnten meines Erachtens zwei Fragen, die ich mir selbst stelle, angemessen (und zieldienlich) sein:

1. Welche *guten Gründe* kann es geben, diese andere Meinung zu vertreten?

2. Wie können diese unterschiedlichen Meinungen *dazu beitragen, dem Ziel näherzukommen?*

Sie haben es sicher schon gemerkt – wenn ich mir diese (oder ähnliche) Fragen stelle, dann bin ich bereits dabei, *Rückmeldungen* zu strukturieren und zu nutzen. Und zwar immer – und das ist wichtig – in Hinblick auf das Ziel oder, konkreter, in Hinblick auf das Thema dieses Treffens, dieses Gesprächs[3].

Jedes *professionelle* Treffen – und Gespräche mit Ihren Mitarbeitern und Mitarbeiterinnen sind immer

---

[3] Das möchte ich besonders betonen – ich orientiere mich am Ziel und nicht daran, wer recht hat. Das fällt (auch mir) nicht immer leicht. Aber es hat schließlich niemand gesagt, dass führen und leiten leicht ist ...

professionelle Treffen – ist ein *geplantes* Treffen: es hat einen *Anlass* und es hat ein *Ziel*, wenn nicht gar mehrere. Und *Vielfalt* kann da überaus hilfreich sein, auch wenn sie anfangs manchmal als erschwerend erlebt wird.

Ich kenne Ihr Büro nicht, aber ich denke, Sie haben Gelegenheit, aus Ihrem Fenster zu schauen, ein Blick in die Natur zu werfen. Oder machen Sie einen Spaziergang durch Feld und Wald. Wenn Sie sich umschauen, werden Sie rasch ein Prinzip der Entwicklung, der Evolution erkennen – Vielfalt, die Überleben ermöglicht, wie auch immer wieder notwendig werdende Anpassungen an sich verändernde Umweltbedingungen. Aus der Vielfalt entwickeln sich vielfältige *Möglichkeiten*. Oder, etwas zwangloser formuliert, es führen viele Wege nach Rom – wenn denn Rom das Ziel ist.

Und Sie erinnern sich, wenn jemand eine andere Meinung vertritt, an eine der in meinen Augen wichtigen Fertigkeiten, wenn es um erfolgreich führen und leiten geht: *wertschätzen von Unterschieden.*

Es fällt – sicher nicht nur mir – nicht immer leicht, anderen recht zu geben, die eigene Meinung zu revidieren, vielleicht sogar zurückzunehmen. Wenn Sie das tun, dann kann ich Ihnen aus zwei Gründen gratulieren:

Sie haben bei der Auswahl und Einstellung Ihrer Mitarbeiter und Mitarbeiterinnen ein glückliches Händchen gehabt, wenn Sie solche kompetenten

Leute ausgewählt haben. Und Sie haben Führungsqualität bewiesen, indem Sie Ihren Mitarbeitern und Mitarbeiterinnen Raum geben, sich weiter zu entwickeln. Und nicht zu vergessen – Anerkennung motiviert. Sie erinnern sich? Hoffnung auf Erfolg ist ein stärkerer Motor, eine günstigere Motivation ...

Meine Erfahrung ist die, dass es Sprachmuster oder Sprachfiguren gibt, die darauf hinweisen, dass ich gerade darauf eingestiegen bin zu streiten. Es sind die beiden Wörter *aber* und *eigentlich*.

Jedes „aber", das Sie an eine Ihrer Aussagen anschließen, weist darauf hin, dass Sie jetzt eine Gegenposition vertreten, dagegen argumentieren. Sie kennen solche Sätze wie: „Das stimmt, aber ..." oder „Das war eigentlich ein guter Vorschlag ..."[4]

Was tun? Nun – Sie erinnern sich an eine der Fertigkeiten, erfolgreich zu führen und zu leiten – *beobachten* und auch *sich selbst beobachten*. Also, denke ich, wäre ein Sprachtraining angebracht – Sie können üben, üben, üben, das Wort „aber" durch das Wort „und" zu ersetzen. „Das stimmt, und ich

---

[4] Michael DELORETTE formuliert dies pointiert: „Jedes ‚aber' ist der Mörder einer gemachten Aussage", und er verweist auf einen, seinem Eindruck nach im pädagogischen Bereich beheimateten anderen „tendenziellen Killer": „wobei". Probieren Sie es doch einmal – als Spiel ...

denke ... ." *Und* steht eher für ein Anschließen, ein Ergänzen, ein Hinzufügen, ein Erweitern – also im Grunde eher für eine Art *vervielfältigen* und Vielfalt, Sie wissen schon, erhöht die Anpassungsleistungen an sich verändernde Umweltbedingungen ...

Das Wort „eigentlich" sollten Sie aus Ihrem Sprachschatz streichen – oder als Hinweis wertschätzen, dass Sie gerade etwas gesagt haben, was Sie im Grunde *anders* sagen wollten. „Das war eigentlich ein guter Vorschlag ... Nein. Das war ein guter Vorschlag."

Aber es gibt weitere Möglichkeiten, mit Meinungsunterschieden umzugehen. Sie haben es gemerkt? Toll! Ich fange also noch einmal an:

Und es gibt weitere Möglichkeiten, mit Meinungsunterschieden umzugehen. Sie können z.B. Klein- oder Arbeitsgruppen bilden lassen, die diese unterschiedlichen Ideen darauf hin *abklopfen* (EFRAN et al.), was nach Meinung dieser Kleingruppen von diesen verschiedenen Vorstellungen auf jeden Fall genutzt werden sollte. Damit entwerfen Sie eine Arbeits*struktur,* die bereits so angelegt ist, dass Unterschiedlichkeiten gewertschätzt werden – indem die positiven Teile aufgegriffen werden.

Auch das gehört in meinen Augen zu erfolgreich führen und leiten – *strukturelle Rahmen* zu schaffen, die zieldienlich und wertschätzend sind.

Da ist, denke ich, auch ein gerüttelt Maß an Kreativität gefragt[5]. Was macht den Unterschied möglich?

Wenn ich das Thema *streiten* anspreche, dann möchte ich auf jeden Fall auch darauf hinweisen, dass ich es *streiten* nenne und nicht: *Streit*. Es handelt sich um ein *miteinander tun*. Daran sind auch Sie beteiligt. Und genau das ist auch der Punkt, wo und wie Sie Einfluss nehmen können. Über Ihr Tun. Und, bitte, wertschätzend.[6]

Ich weiß, ich sollte am Ende dieses Kapitels noch einmal darauf aufmerksam machen, dass nicht jede Diskussion, jede Meinungsverschiedenheit, jeder „Streit" auch stattfinden soll und darf – es hängt *selbstverständlich* immer auch davon ab, ob das, worüber gestritten wird, in den Rahmen des jeweiligen Gesprächskontextes gehört. Das gehört in das Kapitel *Welcher Rahmen passt?*

---

[5] Hier sehe ich auch ein Arbeitsfeld für Coaching oder Supervision von Führungskräften – das Freilegen und Nutzen von Kreativitätspotentialen.

[6] Das *Reflektierende Team* bietet diesbezüglich viele interessante Anregungen (ANDERSEN, 1990; HARGENS & VON SCHLIPPE, 1998).

Was du nicht willst, was man dir tu' ... oder: Vom Nutzen einer anderen Perspektive

Wenn systemische Konzeptbildungen einerseits davon ausgehen, dass „irgendwie" alles mit allem verknüpft ist (und sich wechselseitig beeinflusst) und andererseits unterschiedliche Wirklichkeits-Sichten gleich gültig[1] sind – und es dafür *gute Gründe* gibt –, dann kann ich das auch anders formulieren: ich kann aus verschiedenen Positionen sehr unterschiedlich auf eine Sache schauen – und solche *unterschiedlichen Positionen* offenbaren meist, oft oder manchmal Unterschiedliches.

---

[1] Sie erinnern sich: nicht gleichgültig, sondern gleich gültig – was nicht heißt gleich wünschenswert – die Folgen unterschiedlicher Weltsichten sind einfach verschieden ...

Auch ich selber nehme oft unterschiedliche Positionen ein – etwa wenn ich eine Sache, ein Thema von *verschiedenen Seiten* aus durchdenke. Ich habe gemerkt, dass dies *durchdenken* meist in einer Art *innerer* Dialog abläuft – ich rede mit mir selber. Natürlich leise, damit es niemand hören kann – was würde der denn sonst von mir denken?

Dieser *innere Dialog* soll sehr normal sein – darauf weisen verschiedene AutorInnen immer wieder hin[2] – und, so möchte ich hinzufügen, er lässt sich sehr gut nützen und zwar *zieldienlich*. Ich kann mich – gedanklich – in andere Positionen versetzen, erahnen, wie sich das Ganze aus dieser Position anschaut und anfühlt[3], und ich kann daraus Ideen ableiten, die mir hilfreich sein können: zum einen entwickle ich eine Art „Grundverständnis" einer anderen Sichtweise, zum anderen erkenne ich die guten Gründe dieser anderen Sichtweise und zum dritten eröffnen mir diese beiden Einsichten eine Tür zum *wertschätzen dieser Unterschiede.*[4]

---

[2] In diesem Zusammenhang weise ich besonders auf Tom ANDERSEN hin.

[3] Für diejenigen, die es interessiert, ließe sich *Anschauen* kommunikationstheoretisch als *Inhaltsaspekt* bezeichnen, *Anfühlen* als *Beziehungsaspekt*. Wobei, das möchte ich hinzufügen, in *Ihrer* Funktion ein Mitbedenken des Beziehungsaspektes bedeutsam ist, der Inhaltsaspekt hingegen den Bereich der konkreten Arbeit stärker bestimmen dürfte.

Was du nicht willst, was man dir tu' ... oder: Vom Nutzen ...

Und genau dies – das An- oder Durchdenken verschiedener Positionen – können Sie nutzen. Sie können Ihren Vorstellungen und Ideen entspannt zuhören, wenn Sie sie kommen lassen, indem Sie sich einfach in die Position Ihrer Mitarbeiter und Mitarbeiterinnen versetzen. Natürlich – Sie sind einfach nicht jemand anders. Sie können aus dieser kleinen Vorbereitungsübung allerdings, so meine Erfahrung, Anregungen mitnehmen. Und Sie können zumindest eine Idee, eine Ahnung davon bekommen, wie Ihre Mitarbeiter und Mitarbeiterinnen reagieren könnten.

Sie erinnern sich an meinen Hinweis, wie wichtig es in meinen Augen ist, einen zieldienlichen und kooperativen Rahmen zu schaffen. Dazu gehört das *Ankoppeln* – Joining. Und mir fällt das leichter, wenn ich so *tue, als ob* ich der oder die andere wäre. Dieses *so tun, als ob* kann eine gedankliche Vorwegnahme sein – aus der Position meines Gegenübers. Andersherum kann ich das auch betrachten: ich sehe mich gleichsam selber durch die (vorgestellten) Augen eines anderen.

---

[4] Wenn der Volksmund sagt, dass aller guten Dinge drei sind (ich würde sagen: „mindestens drei"), so haben *auch* Medaillen oder Münzen drei (und nicht zwei) Seiten: Die Schmalseite wird oft übersehen, worauf Uwe GRAU (Lindau) immer wieder hingewiesen hat.

Was ich auf diese Weise erfahre, sind *mögliche* Ideen über den anderen – darüber wie er oder sie sich fühlt, die Sache betrachtet, behandelt werden möchte: ich erfahre also vieles über *mögliche gute Gründe* einer anderen Sichtweise. Und kann mich dann fragen, was wohl geschehen würde, wenn ich mich tatsächlich so verhalten würde. Würde mein Ansehen sinken oder steigen? Würde mein Gegenüber sich ernstgenommen oder abgewertet fühlen? Würde ich mich ernstgenommen oder abgewertet fühlen? Würde dieses Verhalten eher zieldienlich oder eher zielabrückend[5] sein?

Sie merken schon, worauf ich hinaus möchte. Wenn es darum geht, sich vorzubereiten – und wir bereiten uns *immer* vor[6] – kann es helfen, die Perspektive einer anderen Person einzunehmen.

Diese Aufgabe übernimmt sonst oft ein externer Coach – indem er mir (s)eine Außenperspektive aufzeigt, mir also *rückmeldet,* welche Wirkung mein Verhalten haben *kann.* Das eröffnet mir die Mög-

---

[5] Den Begriff *zieldienlich* habe ich, glaube ich, klar genug definiert (s. Kapitel 1, Fußnote 6), den Begriff *zielabrückend* verwende ich, um die Tendenz zu bezeichnen, dass das, was ich tue, eher dazu dient, mich vom Ziel zu entfernen, also davon abzurücken.

[6] Ich bin der festen Überzeugung, dass mein *innerer Dialog* auch dann abläuft, wenn ich nicht zuhören möchte, wenn ich versuche, ihn zu ignorieren – Auswirkungen, Konsequenzen wird auch das haben ... aber inwieweit diese für mich wünschenswert sind ...

lichkeit zu entscheiden, ob ich die damit verbundenen Folgen in Kauf nehmen möchte. Systemisch gesprochen: sind die (möglichen) Konsequenzen für mich wünschenswert? Und sind sie zieldienlich? Und fördern sie wertschätzen?

Sie merken schon wieder – Fragen über Fragen ...

Diese Idee, sich in den anderen hineinzuversetzen, ist uralt, ist Allgemeingut und es gibt Sprichwörter dazu. Die Grundidee entspricht einer *systemischen Haltung:* tolerieren und respektieren. Indem ich gut mit mir umgehe, das, was ich denke, fühle und tue, wertschätze (in dem gegebenen Rahmen), zeige ich, wenn ich das umsetze, meinen Mitarbeitern und Mitarbeiterinnen, dass ich sie ernstnehme – auch wenn ich durchaus anderer Meinung bin oder über bestimmte Sachverhalte nicht mehr verhandele.

Sie erinnern sich jetzt sicher an das, was ich zu Anfang schrieb – es geht nicht einfach um Techniken, um Tipps und Tricks, es geht darum, dass Sie der sind, der Sie sind und der mit sich gut umgeht – immer im vorgegebenen Rahmen. Sie haben schließlich eine Rolle und eine Aufgabe übernommen: Sie leiten und führen ...

Insofern, da haben Sie vermutlich recht, ist alles das, was ich hier geschrieben habe, nur eine (hoffentlich etwas andere) Wiederholung.

Was du nicht willst, was man dir tu' ... oder: Vom Nutzen ...

Will ich's wirklich wissen oder: Fragen ist auch eine Kunst

Ich habe immer wieder davon gesprochen, dass es einerseits wichtig ist, *im Gespräch zu bleiben* (im vorgegebenen Rahmen natürlich), dass es andererseits wichtig ist zu fragen und das alles in einem wertschätzenden Rahmen.

Was heißt denn aber nun fragen? Und wie verhält es sich mit fragen und wissen?

Ich glaube, ich brauche Ihnen nicht weiter zu erklären, dass fragen und fragen nicht unbedingt dasselbe ist. Sie kennen sicher auch Leute, die fragen, nur haben die Zuhörer gar keine andere Möglichkeit, als so zu antworten, wie es bereits in der Frage angelegt ist – nämlich so, wie es der Fragesteller hören will. Dem kann doch jeder, der ein wenig Bescheid weiß, nur zustimmen, oder? Das ist eben keine Frage ...[1]

Deshalb, so meine Erfahrung, sollten Sie sich genau überlegen, wenn Sie fragen, ob Sie wirklich damit einverstanden und dazu bereit sind, auch die Antworten zu hören, die Sie zu hören bekommen. Oder ob Sie nur die Antworten hören wollen, die Sie hören wollen. In letzterem Fall können Sie sich und Ihren Mitarbeitern und Mitarbeiterinnen viel *Zeit schenken* – indem Sie gleich anordnen.[2]

Fragen lassen sich immer *auch* benutzen, eigene Ziele durchzusetzen[3]. Sie kennen sicher Beispiele, wo Fragen einschüchtern, Antworten erschweren. Deshalb, so meine Grundüberzeugung, sollten Sie sich immer fragen, ob Sie wirklich das wissen und

---

[1] Solche, oft *rhetorisch* genannten Sprechmuster haben ihre Berechtigung, wenn Sie z.B. in einem Vortrag oder einer Rede das Publikum für Ihre Ansichten gewinnen wollen. Nur ist dies ein ganz *anderer Kontext* – das Publikum und Sie arbeiten nicht täglich zusammen, sondern das Publikum ist gekommen, um Ihrem Vortrag zu lauschen, aus welchen Gründen auch immer ...

[2] Zugleich, so denke ich, wissen Ihre Mitarbeiter und Mitarbeiterinnen, woran sie bei Ihnen sind – Sie meinen auch das, was Sie sagen (und nicht das, was sie erst aus dem, was Sie sagen, erschließen müssen).

[3] Bei SOKRATES können Sie viel über Fragen als pädagogisches Mittel finden – aber, die Frage ist erlaubt, sind Sie in der Rolle des Erziehers und Pädagogen?

hören wollen, was Sie gleich zu hören kriegen.

Mir fällt dann immer der Satz von E.E. Cummings ein: „Es bekommt immer der die schönere Antwort, der die schwierigere Frage stellt."[4] Nur – ist das auch Ihr Ziel? Fragen sind nun einmal kein Selbstzweck, sondern zieldienlich. Also, mein Verständnis sollte klar sein – nach dem Klären des Rahmens kommt das Klären des Ziels und dann kommen die Fragen, die zieldienlich dazu beitragen (können).

Sie erinnern sich an die Theorie? Nichts soll praktischer sein als eine gute Theorie, so heißt es.

Heinz von Foerster, einer der „Väter" des Konstruktivismus und der Kybernetik[5], war und ist mir hier sehr hilfreich. Er unterscheidet zwischen *legitimen* und *illegitimen Fragen*. Illegitime Fragen sind für ihn solche, auf die sowohl die Antwort als auch die Form der Antwort feststeht. Zwei mal drei ist eben sechs und nicht die Wurzel aus sechsunddreißig. Die Antwort stimmt zwar „auch", ist aber eben nicht (ganz) richtig. Legitime Fragen sind in diesem Sinne offene Fragen – Fragen, auf die die Antwort noch nicht feststeht.

Dahinter erkenne ich eine bestimmte Haltung – ich bin tatsächlich an *Antworten* interessiert und nicht

---

[4] Ich habe diesen Satz bei Bateson (1982) gefunden.
[5] Konstruktivismus habe ich bereits kurz erläutert, Kybernetik ist die Lehre von der Steuerung. Jetzt erinnern Sie sich sicher an den Begriff *beisteuern* ...

an einer *Bestätigung* meines Wissens[6]. Dahinter steckt aber noch mehr: „Das Problem ist nicht die Wahrheit ... das Problem ist Vertrauen." So Heinz VON FOERSTER. Und ich stimme ihm da voll und ganz zu. Ich glaube, eine große Bank wirbt sogar damit: „Vertrauen ist der Anfang von allem" und das, denke ich, trifft zu.[7]

Diese Ideen bilden für mich den *Hintergrund* – sie stellen gleichsam das Netz dar, das ich aufspanne und in dem ich die Antworten, die ich hören möchte und noch nicht kenne, auffange.

Meine Erfahrung ist schlicht die, dass dann, wenn diese Haltung „stimmt", die *Form* der Frage nicht mehr ganz so bedeutsam ist. Die *Kunst des Fragens* besteht daher für mich darin, mir über meine Grundhaltung klar zu werden, das Ziel zu präzisieren und in diesem Rahmen aktiv zu werden (d.h. zu sprechen oder genauer: zu fragen).

---

[6] Ich bin mir durchaus bewusst, dass *soziale Anerkennung* – also Bestätigung – eine große Bedeutung für jeden Menschen hat. Als Führungskraft wären Sie m.E. gut beraten, wenn Sie wüssten, ob Sie Bestätigung und Anerkennung suchen (oder brauchen) oder ob Sie ein Thema (wertschätzend) bearbeiten. Wobei die *mitschwingende Wertschätzung* deshalb *immer* bedeutsam ist, weil sie *immer auch* diese soziale Bestätigung mit berührt.

[7] Ob auch für diese Bank, das ist eine ganz andere Frage ...

Will ich's wirklich wissen oder: Fragen ist auch eine Kunst

So wird Sie meine *Daumenregel* auch nicht überraschen – Sie sollten weniger nach dem fragen, was nicht gut gelaufen ist, sondern mehr danach fragen, was in Hinblick auf das Ziel hilfreich und nützlich sein kann. Ihre Aufgabe besteht, so sehe ich es, darin, den Fokus zu halten[8] – also darauf zu achten, dass die Fragen dem dienen, worum es geht. Das kann etwa sein, das Ziel genauer zu bestimmen und zu konkretisieren, das kann sein, die Ressourcen zu optimieren, das kann sein, gute Gründe zu finden, die für die weitere Arbeit nützlich sein können und vieles mehr.

Und Achtung! Ich habe die Erfahrung gemacht, dass oft die Idee einer *linearen Verursachung* vorherrscht, gerade, wenn es um ökonomische Fragen geht. Lineare Verursachung – dass ein Grund existiert, der, wenn er nur beseitigt wird, auch zu einer Verbesserung führt. Dass dem nicht unbedingt so ist, haben Sie sicher selbst schon erfahren[9]. Hoch komplexe Systeme bestehen einfach aus zu vielen sich beeinflussenden Einzelteilen, als dass alle zielgerichtet gesteuert werden können.

---

[8] Inwieweit bringt uns diese Frage (die Klärung dieses Themas) dem Ziel, um das es heute hier geht, näher? Das wäre eine Frage. ...

[9] Sie erinnern sich an Rückmeldung und Rückkopplung? Alles das, was in einem System geschieht, geht als neue Information in das System ein und wirkt auf das System *zurück*. Es ist nicht mehr linear, sondern zirkulär. Bei uns im Norden heißt es u.a. „Wat dem een sien Uhl, is dem annern sien Nachtigall ...".

Und da soll fragen helfen? Ich denke: Ja!

Was wäre jetzt wichtig für Sie, so dass Sie eine Idee haben, wie Sie das, was ich Ihnen hier beschreibe, einmal ausprobieren?

Welche guten Gründe gäbe es für die Idee, das auszuprobieren, was Sie bis jetzt gelesen haben?

Welche Ihrer besonderen Fertigkeiten hat sich für Sie bisher als hilfreich und zieldienlich erwiesen, erfolgreich zu führen und zu leiten?

Woran genau merken Sie, dass Sie erfolgreich führen und leiten?

Was genau beobachten Ihre Mitarbeiter und Mitarbeiterinnen, was Sie tun, das ihnen deutlich macht, dass Sie erfolgreich führen und leiten?

Was, denken Sie, würden Ihre Mitarbeiterinnen und Mitarbeiter mir sagen, wenn ich sie bitten würde, Ihre drei besonderen Stärken als Führungskraft zu nennen?

Fragen über Fragen ... zielgerichtet auf *Geduld, Zeit, Beobachten, sich selbst beobachten, wertschätzen (von Unterschieden)*. Nicht mehr, aber auch nicht weniger. Ertappt? Ja – nicht mehr *und* auch nicht weniger ...

Literatur

Andersen, Tom (ed). Das Reflektierende Team. Dialoge und Dialoge über die Dialoge. Dortmund: verlag modernes lernen, 1990 (2018[6])

Bateson, Gregory. Bewußte Zwecksetzung versus Natur. In: ders. Ökologie des Geistes. Frankfurt/M.: Suhrkamp, 1981

Bateson, Gregory. Geist und Natur. Eine notwendige Einheit. Frankfurt/M.: Suhrkamp, 1982

Efran, Jay S., Michael D. Lukens & Robert J. Lukens. Sprache, Struktur und Wandel. Bedeutungsrahmen der Psychotherapie. Dortmund: verlag modernes lernen, 1992

Goethe, Johann Wolfgang von. Faust. Hamburg: Wegner, 1963

Hargens, Jürgen & Arist von Schlippe (eds). Das Spiel der Ideen. Reflektierendes Team und systemische Praxis. Dortmund: borgmann publishing, 1998

Hargens, Jürgen & Helen Zettler. Relativ normal. Was mich noch nie an systemischer Therapie interessiert hat, ich aber immer schon einmal wissen wollte (Cartoon). Meyn: Eigenverlag J. Hargens, 2000

Loth, Wolfgang. Klinische Kontrakte. Auf den Spuren hilfreicher Veränderungen. Dortmund: verlag modernes lernen, 1998

Omer, Haim. Parental Presence. Reclaiming a Leadership Role in Bringing Up Our Children. Phoenix: Zeig, Tucker & Co., 2000

Schmitz, Lilo & Birgit Billen. Mitarbeitergespräche. Lösungsorientiert. Klar. Konsequent. Wien-Frankfurt: Ueberreuter, 2000

Skarmeta, Antonio. Mit brennender Geduld. München-Zürich: Piper, 2000

Tallman, Karen & Arthur C. Bohart. Gemeinsamer Faktor KlientIn. Selbst-Heilerin. in: Mark A. Hubble, Barry L. Duncan & Scott D. Miller (eds). So wirkt Psychotherapie. Empirische Ergebnisse und praktische Folgerungen. Dortmund: verlag modernes lernen, 2001

von Foerster, Heinz. Sicht und Einsicht. Versuche zu einer operativen Erkenntnistheorie. Braunschweig-Wiesbaden: Vieweg, 1985

von Foerster, Heinz. Ethik und Kybernetik zweiter Ordnung. In: ders. KybernEthik. Berlin: Merve, 1993

von Foerster, Heinz/Bernhard Pörksen. Wahrheit ist die Erfindung eines Lügners. Gespräche für Skeptiker. Heidelberg: Cl. Auer, 1998

von Rutenberg, Jürgen. Siebenmal C! ZEIT Nr. 43, 19.10.2000

Watzlawick, Paul, Janet H. Beavin & Don D. Jackson. Menschliche Kommunikation. Bern-Stuttgart-Wien: Huber, 1990^8

Weiterbildungsinstitut für lösungsorientierte Therapie und Beratung

Geniessen Sie das einzigartige
Fachbuch für EUR 22.90
Keine Tricks!
ISBN 978-3-033-04987-1

wilob AG
Hendschikerstr. 5
CH 5600 Lenzburg
Tel. +41 62 892 90 79
kontakt@wilob.ch

Literarische Ratgeber vom Psychologen für Psychologen und ihre Kunden

Jürgen Hargens im trafo Literaturverlag

Motorrad ... und andere Erzählungen
2014, 2. Auflage, 157 S.
ISBN 978-3-86465-052-9
12,80 EUR(D) / 13,20 EUR(A)
www.trafoberlin.de/978-3-86465-052-9.html

Alt trifft jung. Genau beobachtet, menschlich einfühlsam, respektvoll und mit augenzwinkerndem Humor geschrieben.

SUTER *oder* Das Chamäleon-Prinzip
Roman, 2013, 291 S.
ISBN 978-3-86465-033-8
16,80 EUR(D) / 17,30 EUR(A)
www.trafoberlin.de/978-3-86465-033-8.html

Hargens entfaltet hier ein breites, anrührendes und zugleich spannendes Panoptikum des Lebens - mit klarer Sprache und psychologisch ausgeleuchteten Menschen in ihrer ganzen Widersprüchlichkeit.

Alltag – Arbeit – Abendrot
Roman, 2014, 318 S.
ISBN 9789-3-86465-042-8
16,80 EUR(D) / 17,30 EUR(A)
www.trafoberlin.de/978-3-86465-042-0.html

Das Schönste ist und bleibt, verliebt zu sein. Das wissen sogar die Psychologen... Ein ausgebrannter Lehrer findet sein Leben wieder - natürlich mit Hilfe einer faszinierenden Frau.

Erwach(s)en. Geschichten über Männer und Frauen, Freud und Leid, Beziehungen und Trennungen, Menschliches und Psychologisches wie über das Leben selbst
Roman, 2. Aufl. 2014, 354 S.
ISBN 978-3-86465-048-2
18,80 EUR (D) / 19,40 EUR
www.trafoberlin.de/978-3-86465-048-2.html

„‚Man muss die Leute halt auch mögen'. Hargens' Romandebüt könnte den gelungenen Fall darstellen, bei dem sie auf die Frage: ‚Was machst du eigentlich so den ganzen Tag in deinem Beruf?' nur dieses Buch verschenken müssen." *(G. Kral)*

Freude hat sich versteckt oder Gesund heißt immer auch ein bisschen bescheuert!!
Erzählungen, 2017, 227 S.
ISBN 978-3-86465-076-5,
14,80 EUR(D) / 15,30 EUR(A)
www.trafoberlin.de/978-3-86465-076-5.html

„Wer Hargens' Geschichten gelesen hat, sieht im Anschluss Wege im Umgang mit Schwierigkeiten, die er vielleicht noch nie zuvor beschritten hat." *(Th. Padberg)*

Bestellungen über jede gute Buchhandlung oder direkt beim Verlag: trafo Verlagsgruppe, Finkenstraße 8, 12621 Berlin
mail: info@trafoberlin.de